The Life with TANIKU-PLANTS

多肉小宇宙

多肉植物の生活提案

Contents

排好彩色鉛筆
像在空間裡作畫一般
依序種入多肉植物

多肉植物都生氣蓬勃地活著呢——
自2009年以「TOKIIRO（季色）」名義展開多肉創作以來，
就一直非常注重這件事。
眼前的多肉植物姿態，即是當下環境孕育出來的瞬間景色。
明天、後天、一星期後、一個月後、一年後……隨著時間的流逝，
多肉植物漸漸地適應環境，展現出全新的景色。
沒有所謂的完成，因為多肉植物一直重複著成長、進化。

多年以來，TOKIIRO總是非常真誠地，
面對不斷成長進化的多肉植物，陸續地創作出組合作品，
由園藝設計開始，積極地提出多肉的創作點子。
像插花般，於空間裡表現浩瀚的世界，
宛如盆栽般，擷取景色，創作出隨著時間進化的「植物變化」。

對TOKIIRO而言，花器就像畫紙、畫布一般。
將多肉植物看作彩色鉛筆，如同作畫般依序種入花器裡，
畫出從宇宙般的小小空間獲得靈感的景色與記憶，
因此，倘若該空間不存在，就無法作出任何表現。
每一個陶製花器都是精心捏製完成，
釉藥用法與形狀，都具有令人心曠神怡的波動，
都是能夠具體地表現該精雕細琢個性的「宇宙」。

以彩色鉛筆為花器宇宙增添色彩，
並未特別挑選，使用的都是生活周遭常見的顏色。
使用的多肉植物都是普及種，而不是困難入手的交配種。

描繪的是，好久以前跑到鄉間冒險，歸途中經過的小巷弄、
稻田盡頭的山腳下、或森林裡面的池塘，棲息著美國大螯蝦，
兩隻巨螯令人雀躍無比！

搭配花器與多肉植物時，腦海裡充滿這樣的回憶與想像，
完成令人懷念又感覺很溫馨的小庭園、不斷地進化的多肉植物森林。

那麼你呢？你想利用多肉植物完成什麼樣的畫作呢？

1

花器裡的小宇宙

— 栽培箱栽種實例 —

宇宙是一個浩瀚無垠的空間，TOKIIRO認為植物
創作就像浩瀚的宇宙。因為多肉植物具有堅韌的
生命力，具備一邊適應環境，一邊不斷地進化後
才擁有的獨特姿態與形狀。因為以多肉植物為創
作素材，一株株地種入小小的花器（栽培箱）
裡，就能描繪出遠超乎人們想像的嶄新世界。而
且，該世界還會隨著時間而不斷地進化，呈現出
只有時間才能締造的美。將多肉植物種入小小的
花器裡，就能構成可孕育出好幾千倍、好幾萬倍
浩瀚世界觀的作品。請一邊想像著該進化的轉變
情形，一邊將多肉植物種入吧！

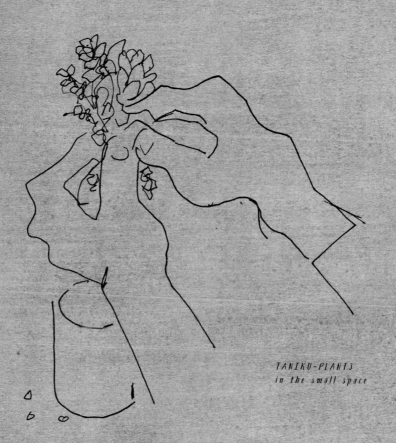

TANIKU-PLANTS
in the small space

基本工具

介紹以多肉植物創作的必要工具吧！
不難取得，
都是家裡現有或居家用品賣場就能買到，
輕鬆地展開創作吧！

Chapter. 1

—

TANIKU-
PLANTS
in the
small space

—

container

01
—
網子

鋪在盆底，防止土壤由盆底孔流掉。居家用品賣場就能買到紗窗用紗網，配合盆底大小，以剪刀修剪後使用。

02
—
盆器

創作組合作品的器皿。建議挑選有盆底孔的盆器以促進排水。但只要澆水方法確實，使用無盆底孔盆器也OK。參考書中作法（參照P.10）鑽孔後使用亦可。

03
—
剪刀

調整網子大小、修剪多肉植物時使用。使用手工藝專用剪刀也OK。

04
—
鑷子

將多肉植物小芽種入空隙的便利工具。夾嘴彎尖的精密作業專用鑷子優於園藝用的鑷子，因此較建議使用。

05
—
攪拌棒

將土壤確實地填入花器時使用，細窄的木製攪拌棒使用起來最方便。咖啡店提供的攪拌棒寬度、彈性適中，很建議使用。

06
—
鐵絲

摺成U形，將高挑的多肉植物固定於土壤時使用。建議使用#24鐵絲，這種鐵絲表面為棕色，不易生鏽，易融入土壤顏色，看起來比較不顯眼。

07
—
鏟子

將土壤裝入花器時使用，使用小一點的鏟子，將土壤裝入咖啡杯等容器時更方便。

08
—
土壤

建議使用居家用品賣場或園藝店購買的多肉植物專用土壤。景天科多肉植物根部特別纖細，必須使用較細的土壤。

Chapter. 1

—

TANIKU-
PLANTS

in the

small space

—

container

基本作法

1. 準備盆器

準備盆器以完成想創作的作品，盆器有盆底孔時放入網子（無盆底孔時參照以下記載＆P.16）。小巧植栽作品可愛又容易構成，適合初學者創作。使用喜愛的小花器或咖啡杯等為器皿，完成的作品更可愛，更令人愛不釋手。

將修剪成盆底大小的網子放入盆器裡。

裝入土壤至盆器高度的1/3左右。

———— 盆底孔的鑽孔方法 ————

底部無盆底孔的盆器可直接使用，亦可鑽孔後使用。底部鑽孔即可促進排水，打造更適合多肉植物生長的環境。鑽盆底孔前必須準備電鑽。建議先使用較細的鑽頭，觀察鑽孔情形後，才換成較粗的鑽頭。使用大型盆器時，多鑽幾個適當大小的孔洞，優於只鑽一個大孔洞，因此推薦採用。

1.先使用極細鑽頭。由盆器外側鑽孔。 2.一邊觀察鑽孔情形，一邊換成較粗的鑽頭。 3.鑿穿孔洞前，將盆器翻面，由裡側繼續鑽孔。 4.鑿穿孔洞後，再次由外側調整、擴大孔洞。 5.最好配合盆器大小，依序鑽上直徑約1cm的孔洞。但，盆器較薄時易破裂，鑽孔時需格外小心。請勿勉強鑽孔。

2. 準備多肉植物

將創作的多肉植物分成小株後，並排在淺盤裡吧！分株方法有3種，因植物種類而不同。採用TOKIIRO提出的花束式栽種法（P.12）時，建議保留根部土壤。

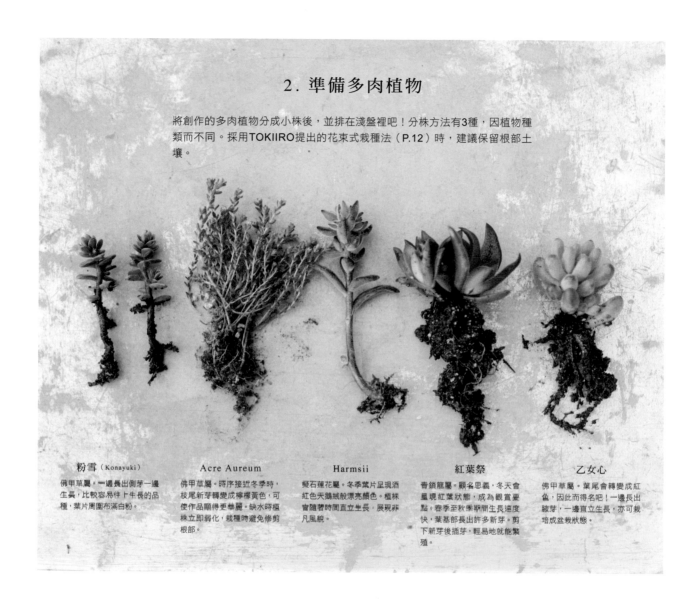

粉雪（Konayuki）
佛甲草屬。一邊長出側芽一邊生長，比較容易往上生長的品種，葉片周圍布滿白粉。

Acre Aureum
佛甲草屬。時序接近冬季時，枝尾新芽轉變成檸檬黃色，可使作品顯得更華麗。缺水時植株立即弱化，栽種時避免修剪根部。

Harmsii
擬石蓮花屬。冬季葉片呈現酒紅色天鵝絨般漂亮顏色。植株會隨著時間直立生長，展現非凡風貌。

紅葉祭
青鎖龍屬。顧名思義，冬天會呈現紅葉狀態，成為觀賞要點。春季至秋季期間生長速度快，葉基部長出許多新芽。剪下新芽後插芽，輕易地就能繁殖。

乙女心
佛甲草屬。葉尾會轉變成紅色，因此而得名吧！一邊長出腋芽，一邊直立生長，亦可栽培成盆栽狀態。

分株方法

植株小巧，莖部纖細的多肉植物，以夾嘴彎尖的精密作業專用鑷子，輕輕地夾出種在土裡的小植株。

植株碩大，長滿花盆的多肉植物，由花盆取出後，雙手拿著植株，一邊鬆開根部的土壤，一邊確認適合分株的位置，避免傷及根部狀態下，分成兩部分吧！

還沒長大的多肉植物，以鑷子夾住根部的基部，避免傷及根部狀態下，輕輕地拔出。無法拔出時，以左圖方法進行分株。

Chapter. 1

—

TANIKU-
PLANTS
in the
small space

—

container

3 . 如同製作花束般構成形狀

最基本的栽種方法是，將多肉植物拿在手上，如製作花束般彙整在一起後，種入盆器裡。
表現經時變化的世界時，一開始就讓多肉植物交纏在一起，構成自然進化的樣態。

一邊觀察整體協調美感，一邊彙整多肉植物。

彙整多肉植物後，一起插入盆器裡，
仔細觀察分量感與線條等整體狀態。

配合花藝作品意象，以剪刀進行修
剪。

4 . 加入土壤

決定作品形狀後，一手輕輕地護住多肉植物，一手拿起土鏟，由盆器側邊加入土壤。加入土壤時，避免拿起植株（苗）。植株就
定位後確實地固定住。必須確實地填入土壤，因此是最花時間的一項作業。

一手扶著植株，一手由盆器側邊加入
土壤。

攪拌棒上上下下地戳動土壤，確實地
壓實土壤。重複加入土壤後壓實動
作，確實地固定植株。

加入土壤至相當程度後，觀察整體。
重點為一邊轉動盆器，一邊觀察所有
方向。

在意植株之間出現空隙的人，亦可以
鑷子追加多肉植物以填滿空隙。調整
至滿意為止。

只有巴掌大小
小巧可愛的組合作品

小巧可愛，容易親近，這就是TOKIIRO
的多肉創作特色。在決定主題後，可激發
無限想像，盡情地揮灑創意。就像面對著
畫布作畫時，心裡想著到底要畫什麼，想
畫成什麼樣子，於腦海中完成構圖後，才
動手作畫一般。決定主題後，即可大大地
提升創作樂趣，接下來介紹的作品也是如
此。請一定要參考激發想像力的方法，澆
水方法則留待P.25的章節中探討。

Chapter. 1

—

TANIKU-
PLANTS
in the
small space

—

container

Container. 01

天空之上的世界

天空之上……到底存在著什麼樣的世界呢？

應該是一個無邊無際、非常偉大的、人類還無法了解的世界吧！

一見到天藍色的杯子，就好想看看上面的世界。

因此，挑選多肉植物時，

也是以能夠迅速地往上生長的種類為主。

— 使用植物

乙女心（佛甲草屬）‧銀明色（擬石蓮花屬‧
帶花芽）‧若綠（青鎖龍屬）‧福兔耳（伽藍
菜屬）‧紅葉祭（青鎖龍屬）‧粉雪（佛甲草
屬）‧姬朧月（風車草屬）‧白牡丹（擬石蓮
花屬）

— 栽培要點

種在喜愛的咖啡杯與單口迷你拉花杯裡，兩種
器皿皆無盆底孔。使用無盆底孔的盆器時，必
須控制澆水量，澆水方法請參照P.25。

Chapter. 1

—

TANIKU-
PLANTS
in the
small space

—

container

1. 準備盆器

盆器底部鋪滿盆底石。鋪好後，盆底石與盆器之間自然形成空隙，具備提升根部透氣性、預防根腐病、促進根部成長等作用。加入土壤至距離盆器上方約5cm處，加入分量視器皿大小而定，感覺就像以石子填滿盆底。

2. 準備多肉植物

準備使用的多肉植物。建議多準備一些，更能廣泛地發揮創意，擴展想像空間。

01.乙女心（佛甲草屬）　02.姬朧月（風車草屬）　03.若綠（青鎖龍屬）　04. Acre Aureum（佛甲草屬）　05.柳葉蓮華（擬石蓮花屬×景天屬）　06.紅葉祭（青鎖龍屬）　07.薔拉（擬石蓮花屬）　08.黛比（風車草×擬石蓮花屬）　09.粉雪（佛甲草屬）　10.銀明色（擬石蓮花屬）　11.紅晃星（擬石蓮花屬）　12.福兔耳（伽藍菜屬）

3. 栽種主要植物

依據主題,由主要植物開始種起。此作品主題為「天空之上的世界」,因此以向上生長的植物為主。朝著乙女心等多肉植物上方生長的植物,挑選有重量,比較不容易取得平衡的植物。因此,先固定在土壤裡,以提升安定感。

決定主要植物的栽種位置後,加入土壤以固定植物。

將鐵絲摺成U形,完成U形針。

以U形針夾住莖部後,插入土壤裡。由右往左,固定兩處更穩固。

4. 如同製作花束般,環繞主要植物&栽種其他多肉植物

參考P.12作法,以製作花束的手法,將想栽種的植物拿在手上,彙整成束後,放入盆器裡,加入土壤後,以攪拌棒戳實土壤,確實地固定植株。如同作畫般地,一邊觀察整體協調美感,一邊環繞主要植物,栽種其他多肉植物。

Chapter. 1

—

TANIKU-
PLANTS
in the
small space

—

Guide of
TANIKU-PLANTS
Vol.1

多肉植物圖鑑 | 1

向上生長的多肉植物

TANIKU-PLANTS
growing straight towards the sky

若綠

青鎖龍屬。一邊長出腋芽，一邊向上生長。植株一年到頭都綠油油，形狀、顏色都容易組合成作品。

福兔耳

伽藍菜屬。葉毛為白色，顏色的四季變化不太明顯，最適合搭配白色。體質較強，容易栽培的品種。

銀明色

擬石蓮花屬。擬石蓮花屬多肉植物都是抽出修長的花芽後於頂端開花，適合創作需要營造高度的作品時採用。多肉植物的開花期間較長。

向上生長的多肉植物，構成作品時，宛如矗立在大草原上的大樹，或易讓人迷失方向的叢林。適合作為雲、雷、波浪、動物、龍等生動表現的要點。擬石蓮花屬多肉植物中不乏乙女心般莖部挺立、姿態生動有趣的種類。

紅晃星

擬石蓮花屬。莖部宛如樹幹。經過長時間栽培，植株姿態更生動活潑。

筒葉菊

青鎖龍屬。一邊掉落下葉，一邊向上生長。比較容易向上生長的多肉植物，栽種時最好先考慮這一點。

乙女心

佛甲草屬。狀似盆栽，莖部直立生長，絕對能夠成為作品的主角。活用自由地生長的姿態吧！

Chapter. 1

—

TANIKU-
PLANTS
in the
small space

—

Guide of
TANIKU-PLANTS
Vol.2

多肉植物圖鑑 | 2

蔓 延 生 長 的 多 肉 植 物

TANIKU-PLANTS
growing and spreading in all direction

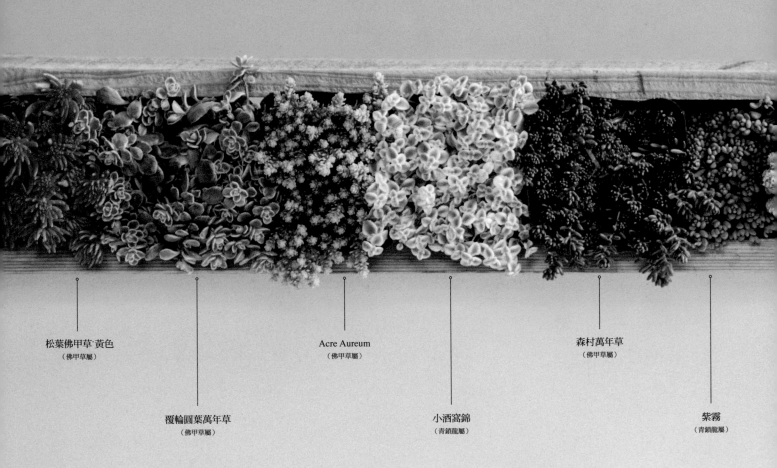

松葉佛甲草·黃色
（佛甲草屬）

覆輪圓葉萬年草
（佛甲草屬）

Acre Aureum
（佛甲草屬）

小酒窩錦
（青鎖龍屬）

森村萬年草
（佛甲草屬）

紫霧
（青鎖龍屬）

佛甲草屬的多肉植物中，葉子小巧，枝條不會挺立生長的
萬年草類，長出許多側芽後，匍匐地面地蔓延生長。青鎖
龍屬多肉植物中也有極少種類以相同狀態蔓延生長，可搭
配不同種類多肉植物構成組合作品，或以不同顏色的多肉
植物表現漸層效果。

米魯庫久
（佛甲草屬）

Golden Makinoi
（佛甲草屬）

薄雪萬年草
（佛甲草屬）

松葉佛甲草·綠色
（佛甲草屬）

覆輪萬年草
（佛甲草屬）

大唐米
（佛甲草屬）

Chapter. 1

—

TANIKU-
PLANTS
in the
small space

—

container

— 使用植物

紅葉祭（青鎖龍屬）
虹之玉（佛甲草屬）
Acre Aureum（佛甲草屬）

— 栽種要點

轉變成紅色是多肉植物紅葉時期的姿態。
想像著涼風習習，靜靜地欣賞的景色。氣
定神閒地面對著盆器，希望畫出這麼美好
的情景。

— 栽培要點

多肉植物透過日照時間與夜間的氣溫
變化，感受季節的脈動。因此必須打
造一個能夠讓多肉植物接觸室外空
氣，在最自然的狀態下，感受大自然
脈動的良好環境。

Container. 02

映照著紅影的城市

造訪隨著季節轉變色澤的城市。
現在是紅影，深濃的寒冷冬日的影子。
不是痴痴等待春天的冬季，
而是享受著冬季的樣貌。
創作時想像著這樣的城市。
一到了夏季，
就轉變樣貌成為綠影城市。

傳承生命的多肉植物

多肉植物的生存能力確實不同凡響。
葉子掉落後會長出根部，
莖部枯掉後，轉眼又冒出新芽……
從多肉植物身上了解到，傳承生命是多麼可貴。

— 使用植物

舞會紅裙（擬石蓮花屬）
絨針（青鎖龍屬）
乙女心（佛甲草屬）
虹之玉（佛甲草屬）
白霜Misebaya（佛甲草屬）
森村萬年草（佛甲草屬）
綠之鈴（菊科千里光屬）

— 栽種要點

由矗立在作品中心的舞會紅裙開始種
起，接著思考植物隨著時序更迭不斷
地進化的情形，構成充滿協調美感的
作品。讓多肉植物往上、往下蔓延生
長。

— 栽培要點

小葉佛甲草屬多肉植物性喜水分，易
缺水，每天觀察土壤與葉子的狀況，
適度地澆水吧！成功栽培訣竅在於悉
心呵護。

多肉植物的旺盛生命力

掉落的每一片多肉植物葉片，都蘊藏著生命力。
請擺在乾燥的土壤上，經過兩、三個月，應該就會長出根部與新芽。
這也是多肉植物的魅力之一。

Chapter. 1

—

TANIKU-
PLANTS
in the
small space

—

column

上：掉落的葉片長出根部
與新芽後狀態。長出根部
後，種入土裡栽培吧！
下：長出新芽後，下方老
葉就枯萎，可能出現這種
情形，別誤認為栽種失敗
喔！新芽成長需要水分，
老葉為新芽供給水分後，
就會出現這種現象，是完
成世代交替的必經過程。

促進落葉長出新芽

完成多肉植物的組合創作過程中，葉子紛紛掉落的情形很常見。不用擔心，可以參考圖中作法，將葉子擺在土壤表面，就能確實地延續多肉植物的生命。

擺在乾燥的土壤表面

擬石蓮花屬的厚實葉子，不必插入土壤，也不需要澆水，擺在乾燥的土壤表面，兩、三個月後就會陸續長出根部。

因壓力而受損的葉片

植物也會感覺到各種壓力。栽種多肉植物時，必須留意太熱、太冷、缺乏二氧化碳、太潮濕等擺放場所的環境變化。

幼嫩的葉子插入土裡

佛甲草屬的乙女心（左），或青鎖龍屬的若綠（右）等多肉植物的葉子，插入土裡更容易繁殖增加株數。繁殖方法因分類的屬別而有所不同，請牢牢地記住。

澆水方法

完成後不需要立即澆水。多肉植物是容易感受到壓力的植物，為了讓多肉植物在嶄新的盆器裡，慢慢地適應嶄新的環境，栽種後別立即澆水，擺在日照充足的室外吧！栽種一星期後，充分地澆水。澆水後再經過一個星期，觸摸土壤，確認乾濕情形。確認後發現土壤呈潮濕狀態，即表示不適合繼續擺在該場所，請移往有助於多肉植物行光合作用的場所（陽光較充足的場所等）。等土壤乾燥後，再經過一個星期才澆水。澆水後，葉片上附著水分也沒關係，但因多肉植物種類關係，可能出現水積存在葉子基部而腐爛，或葉子無法呼吸等情形，因此建議針對土壤澆水。使用有盆底孔的盆器時，可大量澆水。盆器無盆底孔時，需避免過度澆水。將澆水量控制在盆器的1/3左右吧！

澆水計畫表

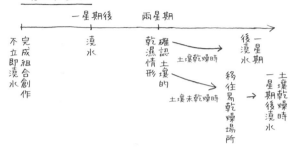

Chapter. 1

—

TANIKU-
PLANTS
in the
small space

—

container

Container. 04

新星誕生

一個剛剛誕生的嶄新行星，
擁有遼闊的湛藍大地，
充滿氣體，存在著波動的世界——
希望嶄新的行星上，存在著嶄新的生命。
結果浮現閃耀著白光的
福兔耳的白色生命。

— 使用植物

福兔耳（伽藍菜屬）
紅葉祭（青鎖龍屬）
火祭（青鎖龍屬）

— 栽種要點

白色植物在世界上並不多見。葉毛為
白色，照射到陽光時閃耀著白光，感
覺很有神聖感。嶄新生命誕生後，生
命力漸漸增強，由轉變成紅色的紅葉
祭與火祭來支撐該姿態。

— 栽培要點

比較容易栽培的組合。但光與水失去
平衡時，福兔耳的白色也可能受損，
因此，請仔細地觀察狀況。

Container. 05

守護神存在的景色

紅色唐印經過一次修剪，
由修剪處長出新芽後，
成長至目前狀態。
象徵似地，
以守護著下方植物的巨大葉片，
圍繞守護著美麗的景色。

— 使用植物

唐印（伽藍菜屬）
覆輪圓葉萬年草（佛甲草屬）
若綠（青鎖龍屬）

— 栽種要點

單株唐印矗立在盆器中央，四周搭配
一年四季都綠油油的多肉植物，強調
底下的小葉也傳承著生命。

— 栽培要點

覆輪圓葉萬年草的耐熱與耐潮濕能力
都不高，夏季炎熱天氣必須格外留
意。請擺放在通風良好的場所，或以
電風扇等促進通風。

Chapter. 1

—

TANIKU-
PLANTS
in the
small space

—

container

荒涼大地

黝黑的荒涼大地上，
植物依舊生生不息。
活用由枝條開始
就稱為「樹根」的根部，
深入土壤後，
就成為真正的根。
微微地施以營養素，
植物就會找出既能繼續生存，
又能獲取養分的好辦法。

— 使用植物

　　夕映（蓮花掌屬）
　　大唐米（佛甲草屬）

— 栽種要點

　　栽種夕映時活用樹根，因此，搭配在
　　土壤表面蔓延生長的多肉植物後完成
　　創作。樹根看起來宛如連結著天地。
　　乍看像極了盆栽藝術。

— 栽培要點

　　夕映最不喜歡高溫潮濕的環境，夏季
　　期間儘量擺在通風良好的場所吧！充
　　分地照射陽光，植株慢慢地成長，即
　　可栽培成小巧可愛，宛如盆栽植物的
　　美麗姿態。

神祕的森林

山中的森林，
一直往深處走去，
就來到人煙罕至的
廣闊微暗森林。
朝著微微撒落而下的陽光，
不斷地往上生長，
有的則是往下垂掛著，
就像是一座植物的樂園。
來到這裡，就能看到大自然的真正樣貌。

— 使用植物

若綠（青鎖龍屬）
白花小松（塔蓮屬）
美空鉾（菊科黃菀屬）
Acre Aureum（佛甲草屬）

— 栽種要點

如同相互交纏似地，整個盆器種滿多肉植物，
以表現森林意境。若綠向上生長而高高地聳立
著，Acre Aureum往下生長自然地垂掛著。精
心鋪陳，並活用植物本身的漂亮線條。

— 栽培要點

與綠之鈴同為菊科的美空鉾，請充分地澆水。
性喜水分，缺水時易弱化。充分考量搭配性
後，針對該部分澆水吧！

Chapter. 1

—

TANIKU-
PLANTS
in the
small space

—

Guide of
TANIKU-PLANTS
Vol.3

多肉植物圖鑑 | 3

TOKIIRO常用普及種多肉植物

TANIKU-PLANTS
for the maine of arrange

紐倫堡珍珠
擬石蓮花屬。擬石蓮花屬多肉
植物中最常見的品種。長著漂
亮紫葉，春天開白色小花。葉
片表面覆蓋著白粉。

花麗
擬石蓮花屬。綠葉邊緣微微地
滾上紅邊。春天開黃色花。

綠焰
擬石蓮花屬×景天屬。特徵為
綠色，但紅葉時期漸漸地轉變
成燃燒似的紅色。

桃太郎
擬石蓮花屬。葉尾有爪，葉片
圓潤飽滿。以爪為中心，四周
染成紅色。

這才是多肉植物,欣賞花藝作品時,最吸引目光的就是這些種類。以景天科擬石蓮花屬的簇生系多肉植物為主。葉展開成簇生狀態,因漂亮姿態而深深著迷的愛好者無數。因此進行交配,陸續開發出許多珍貴品種。本單元中介紹的是TOKIIRO常用的普及種多肉植物。上為成株,下為幼株。種入盆器後,靜靜地擺著就不斷地長葉,越長越大越漂亮。請隨著時序更迭,盡情地欣賞美麗姿態吧!

白牡丹

擬石蓮花屬。重疊好幾層泛白又厚實的葉,葉尾微微地染成紅色。外形宛如白綠色系玫瑰。

七福神

擬石蓮花屬。葉形略圓,葉尾有略帶紅色的小爪。葉重疊好幾層。光線越充足,葉片越鮮綠。

Peacockii
Princess Pearl

擬石蓮花屬。葉片布滿白粉,姿態優雅。葉尾細尖,爪略帶紅色。

粉藍

擬石蓮花屬。葉帶藍色,葉緣略帶紅色。以布滿白粉,充滿透明感的柔美色彩最具特徵。

Chapter. 1

—

TANIKU-
PLANTS
in the
small space

—

Guide of
TANIKU-PLANTS
Vol.4

寶草（Takaragusa）

十二卷屬。葉尾微尖，三
角形葉展開成簇生狀態。

水晶殿

十二卷屬。葉渾圓小巧，葉
中飽含水分，感覺很水潤的
多肉植物。

多肉植物圖鑑 ｜ 4

適合單株栽培欣賞的
多肉植物

TANIKU-PLANTS evolved mysteriously

姬玉露

十二卷屬。綠色葉浮現清晰
的白色葉脈，以飽滿圓葉最
可愛。

Cymbiformis

十二卷屬。葉片碩大，葉面略顯扁平。由植株
側面長出新芽，春天開淺粉紅色花。建議擺在
通風良好的場所栽培。

玉露

十二卷屬。精心栽培後，狀
似花瓣，飽滿的葉展開成簇
生狀態。性喜乾燥，避免過
度澆水。

紅水晶

十二卷屬。紅葉時期呈黑紫色。光線不足易徒長（莖部細弱，葉間距擴大的狀態），必須擺在光線充足的場所。

雪之花

十二卷屬。交配種。厚實的三角形半透明狀葉層疊生長，形狀可愛。建議擺在室外不會淋到雨的半日照場所栽培。

生長在微暗的岩石遮蔭處或大樹下，只能微微地照射到太陽，毫不浪費地收集陽光般，葉尾漸漸地進化成透明狀態的百合科十二卷屬多肉植物。姿態充滿著神祕感，照射陽光時，葉脈清晰可見，整個葉子顯得更透明。呈現透明狀態部分稱為「窗」，窗的大小與分布因品種而不同，窗越大越受歡迎。一看到這種多肉植物，對於孕育出窗的進化形態、多肉植物的生存能力就有更深的認識。

白斑玉露

十二卷屬。葉布滿白粉，因此看起來顏色泛白，連葉脈都呈現透明狀態。細長葉向上展開，開白色花。

萌

十二卷屬。葉尾尖峭，葉片厚實，葉色為黃綠色。

Chapter. 1

—

TANIKU-
PLANTS
in the
small space

—

container

強韌的生命力 & 進化能力

「想在裡面種多肉！」遇見這只盆器時，
腦海中立即浮現這個念頭。
但單憑想像，
總覺得任何植物都敵不過這只盆器，
因此始終沒有栽種。
時間就這麼一天天地過去，
終於遇見了Cooperi。
綠、白與紅色的協調美感，
植物與盆器各自擁有的氣勢，
作出最完美融合的創作。

— 使用植物

　Cooperi（十二卷屬）

— 栽種要點

　只栽種單株時，準備盆器、加入土壤
　方式同P.10「基本作法」。

— 栽培要點

　想聚集更多光線般，十二卷屬多肉植
　物不斷地進化，雖說已經擁有了窗，
　若一直擺在陰暗處，還是無法行光合
　作用。因此，陽光較柔和的時候，請
　一定要讓它作日光浴。但日照太強
　時，易出現葉燒現象，需特別留意。

欣賞倒影

將多肉植物種在玻璃盆器裡，
希望欣賞映照出來的影子。
模糊的影子、清晰的影子……
任何狀態的多肉植物影子都那麼可愛。

一 使用植物

01.七福神（擬石蓮花屬）
02.月美人（厚葉草屬）
　　虹之玉（佛甲草屬）
　　小球玫瑰（佛甲草屬）
03.乙女心（佛甲草屬）
　　薄雪萬年草（佛甲草屬）
04.小球玫瑰（佛甲草屬）
　　虹之玉（佛甲草屬）
05.文碧拉蒂可拉（十二卷屬）
06.紫羅蘭女王（擬石蓮花屬）

一 栽培要點

將多肉植物擺在白沙上，
充滿這種意象的花藝創作。
長根前請勿澆水，長根後再進行澆水。

Chapter. 1

——

TANIKU-
PLANTS
in the
small space

——

container

Container. 10

柔美的粉紅色

感覺圍繞著植株般，
種入圓形的盆器裡。
刻意地種在偏離正中央的位置，
充滿自由發想感覺的一品。

— 使用植物

紐倫堡珍珠（擬石蓮花屬）

— 栽種要點

使用白色化妝沙。使用確實去除鹽
份的日本沖繩白沙，將沙鋪在土壤
表面。鋪上白沙後，粉紅色多肉植
物更顯色。

— 栽培要點

葉會自動儲存水分與醣份，澆水不
充分也沒關係。但日照必須充足。

Container. 11

月夜的寶石

在漆黑的盆器裡
找到的寶石，
散發著恬靜藍光的
粉藍小幼苗。

— 使用植物

粉藍（擬石蓮花屬）

— 栽種要點

栽種方法同左圖的紐倫堡珍珠。盆
器裝入土壤，種下粉藍後，土壤表
面鋪滿白色化妝沙。

— 栽培要點

擺在通風良好，能夠充足照射陽光
的場所。耐寒能力也很強，因此，
冬季期間氣溫降至3℃左右，依然
適合室外栽培。澆水至土壤呈濕潤
狀態就OK。

開心雀躍的兔子，看到了什麼呢？

地面堆積著皚皚白雪，
天空高掛著滿月。
四下悄然無聲，
匆忙畫下的是
兔子的足跡嗎？
兔子們到底在玩些什麼遊戲呢？

— 使用植物

　福兔耳（伽藍菜屬）

— 栽種要點

　白色盆器鋪上白色化妝沙，種入白色
　福兔耳，以白色統一色彩的創作。福
　兔耳像極了兔子的耳朵。看到彷彿開
　心地玩遊戲的白兔們，心裡就充滿幸
　福感。

— 栽培要點

　葉片澆水過度，福兔耳的白毛就會消
　失。因此請朝著土壤澆水。

Chapter. 1

—

TANIKU-
PLANTS
in the
small space

—

container

多肉植物的花

多肉植物通常都會開花，
但還是會呈現個體差異。
多肉植物不同於其他植物，
通常都生長在蟲鳥較少的地方。
即便寄望後代鵬程萬里，
也沒有鳥兒會來幫忙。
因此，任何人都好，
只希望別人能夠發現自己，
於是長成非常迷人的形狀，
希望能夠長時間開花，
因此不斷地進化。
這是一場延續生命的進化戰。

夜晚，若一直待在明亮的室內，
就不太容易開花。
請移往黑暗的屋外。
因為對多肉植物而言，
非常需要晝夜分明的光線切換。

Chapter. 1

—

TANIKU-
PLANTS
in the
small space

—

container

Container. 13

記憶

回溯古老的記憶，
人就變得越來越單純。
不去回想正確的形態，
只大致留下簡約的輪廓，
顏色也一樣，當顏色褪去，
那就是單一色調的世界觀。

— 使用植物

銀晃星（擬石蓮花屬）
若綠（青鎖龍屬）
紫羅蘭女王（擬石蓮花屬）
春萌（佛甲草屬）

— 栽種要點

中心栽種密布纖毛而顏色泛白的銀
晃星，希望降低色彩，強化整體意
象。紫羅蘭女王為顏色泛白的多肉
植物。若綠一年到頭充滿綠意而賞
心悅目，春萌則開白花。

— 栽培要點

栽種時適度地留下空隙，每一顆植
物都能充分地獲得光線與水分，以
此為特徵的創作。

平心靜氣地聆聽植物之聲

為什麼會長成這種形狀呢？
為什麼會呈現出這種顏色呢？
與多肉植物秉持相同的觀點，
有時候窺探一下其中狀況，
聽聽植物的聲音。
植物們就會開始娓娓道出，
它們花了好長的時間，慢慢地進化的歷史。

— 使用植物

　白牡丹（擬石蓮花屬）
　多明哥（擬石蓮花屬）
　錦乙女（青鎖龍屬）
　艷姿（蓮花掌屬）

— 栽種要點

　P.40的「記憶」充滿城市意象。此
　作品則是強調「森林」的意境，因
　此密集栽種，維持植物的粗獷意
　涵。

— 栽培要點

　避免過度維護整理，活用植物與生
　俱來的野性。每天欣賞，別忘了對
　多肉植物表示關心。

2

生意盎然的牆面裝飾藝術

— 花圈＆掛飾 —

多肉植物花圈為TOKIIRO的創作原點。在初次
創作的花圈引導下，多肉植物成為我的終生志
業。換句話說，當初若沒有遇見多肉植物，就
沒有現在的TOKIIRO了！花圈就是這麼地重
要，因此希望大家也能嘗試製作。本章提出的
是生氣盎然的花圈創意。製作多肉植物花圈，
就能清楚地看到，隨著時間由綠轉紅，由紅轉
綠的種種變化，更深刻地感覺到季節脈動。充
滿生氣的多肉花圈，非常特別，一年四季的樣
貌，都請好好地欣賞吧！

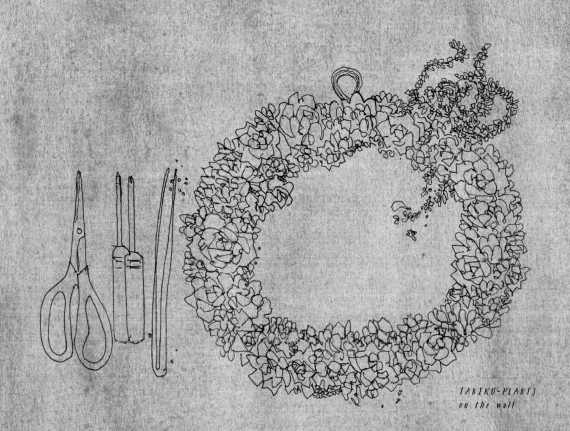

TANIKU-PLANTS
on the wall

Chapter. 2
—
TANIKU-
PLANTS
on the wall
—
Guide of
TANIKU-PLANTS
Vol.5

多肉植物圖鑑	5

適合製作花圈的多肉植物

TANIKU-PLANTS for wreath

花圈通常都掛在牆壁上，必須以掛上後不會掉落
為最高原則。製作花圈時，必須挑選莖部粗壯、
質地堅韌的多肉植物。一邊確認莖部狀況，一邊
如圖示完成準備，光只是排成就很可愛了。即便
相同種類的多肉植物，各自的表情也都不一樣，
因此，「該挑選哪一株呢？」一邊分辨個性，一
邊與多肉植物說說話，就能培養出更深厚的感
情。

Chapter. 2

TANIKU-
PLANTS
on the wall

Guide of
TANIKU-PLANTS
Vol.5

適合製作花圈的多肉植物

TANIKU-PLANTS for wreath

白牡丹

擬石蓮花屬。葉片厚實，略帶白色，葉尾染成粉紅色。性喜光線，請充分地照射陽光。缺乏光線時，植株細弱，無法展現漂亮風采。

柳葉蓮華

擬石蓮花屬×景天屬。葉細長，略帶圓形，葉尾帶粉紅色。耐熱能力較差，炎夏時節需留意。請移往陰涼場所。準備不同大小的植株，更容易組合完成創作。

虹之玉

佛甲草屬。以渾圓飽滿又充滿光澤感的葉最可愛。葉色隨季節而轉變，盡情地欣賞漸層色彩之美吧！具趣光性，每個角度都平均地照射陽光吧！

乙女心

佛甲草屬。只有葉尾會轉變顏色，染成粉紅色。莖部受損時，生長狀況頓時變差，請小心摘除下葉以免傷及莖部。

花圈的作法

裝飾牆面的多肉植物 ❶

Wreath一詞,除了表示「花圈」之外,還具有永恆、不滅等意涵,這個說法你知道嗎?
懷著這種想法觀賞花圈,就會感到形狀端正渾圓的花圈,深深地蘊藏著綿延不絕,
時時刻刻都相繫相依的幸福感。就以多肉植物來完成這樣的花圈吧!
希望大家都能透過花圈,更深刻地感覺隨著季節變化,時而鮮綠,時而紅葉,與永恆季節的密切關係。

Chapter. 2

—

TANIKU-
PLANTS
on the wall

—

Wreath &
Tableau

製作花圈的基本工具

將多肉植物種入花圈,完成生生不息永遠鮮活的花圈,這就是TOKIIRO流的作法。希望完成生氣盎然的作品,那麼,花圈基座就必須加入土壤。讓多肉植物的根,分布於花圈基座的土壤中。完成花圈後一個月左右,多肉植物就會長根。

01 螺絲刀(粗·中·細)

用於挖鑿孔洞,以便多肉植物更順利地種入花圈基座。準備三種不同直徑的螺絲刀,就能配合植物莖部粗細區分使用。花圈基座加入土壤後,必須處理得很扎實,準備能夠作出扎實程度的金屬棒,沒有準備螺絲刀也無妨。

02 水苔

用於覆蓋花圈基座表面。將植物固定於基座,或避免基底的土壤掉出。園藝行或花藝資材行即可買到。

03 剪刀

將多肉植物種入基底時,用於修剪下葉。多肉植物經過修剪,更容易種入基底。

04 鐵鉗

製作花圈基座,處理鐵絲網,或以鐵絲製作壁掛用掛鉤時使用。

05 鐵絲

製作壁掛用掛鉤。準備一根#24花藝設計專用鐵絲。

06 鑷子

將水苔種入花圈基座時使用。建議使用夾嘴彎尖的鑷子,從事細膩工作時更輕鬆。

07 花圈基座

花圈基座作法請參照P.50至P.52。土壤是多肉植物健康成長的重大要素。無論種入栽培箱或用於製作花圈都一樣。完成可促進根部生長,讓多肉植物更順利地吸收水分與養分的花圈基座吧!

1. 製作花圈基座

如前所述，將土壤加入花圈基座。但花圈掛上牆面後，若土壤掉滿地，那就前功盡棄了。利用水苔與鐵絲網，確實地覆蓋土壤吧！製作花圈基座為創作精美花圈的最基本步驟。

材料・工具
（直徑12cm的花圈一個份）

01. 鐵鉗
02. 剪刀
03. #24花藝設計專用鐵絲：8根（5cm）
04. 土鏟
05. 土壤
06. 淺盤：2個
　　（邊長34cm以上）
07. 水苔
08. 鐵絲網（34 × 10cm）
09. 圓棒（直徑2cm、長35cm至40cm）

— 壓製水苔片

淺盤裡鋪滿水苔。

水苔上方疊放另一個淺盤。

兩個淺盤一起倒扣後，壓上重物，靜置一整晚。

完成水苔片

Chapter. 2

TANIKU-
PLANTS
on the wall

Wreath &
Tableau

處理花圈基座的外側（水苔網）

將鐵絲網長邊上的鐵絲摺成
L形。

將水苔片疊在鐵絲網上，修
剪成鐵絲網大小。

摺彎已經摺成L形的鐵絲網
邊端，固定住水苔片。

處理成此狀態。

處理成棒狀

將圓棒擺在水苔片上，像捲
壽司一般捲起鐵絲網。

拿掉圓棒，確認是否出現孔
洞。發現孔洞時追加水苔，
以手按壓，填補孔洞。

加入土壤。

以手按壓土壤。

以水苔覆蓋兩端，避免土壤
掉出。

以水苔網的水苔覆蓋土壤。

以水苔覆蓋整體至看不見土
壤後的狀態。

以鐵鉗夾住鐵絲網邊端後，
插入花圈基座，確實固定
住。

處理鐵絲網邊端後的狀態。

埋入水苔至看不見黑色土
壤。

將鐵絲插入鐵絲網的銜接部位，確實固定以免鐵絲網綻開。距離約
5cm，固定五至六處。

將多餘的鐵絲剪短，再將邊
端藏入花圈基座。

水苔網處理成棒狀後，以鐵
絲網確實地覆蓋一端。

另一端以鐵鉗擴大範圍。

將棒狀水苔網繞成圈後銜接　　　銜接處上下穿入兩根鐵絲後，確實固定住。
兩端。

製作壁掛用掛鉤

細鐵絲繞個圈後擰緊，完成　　環狀部位露在外側，將鐵絲　　剪掉多餘的鐵絲後調整形
環狀部位。　　　　　　　　兩端穿過花圈基座。　　　　狀。

完成花圈基座。
依序栽種多肉植物於環上。

Chapter. 2

—

TANIKU-
PLANTS
on the wall

—

Wreath &
Tableau

2. 準備多肉植物

製作花圈的多肉植物如P.44至P.47相關介紹。將葉的部分處理成圓形，莖部修剪整齊，以方便製作花圈。如P.25所示，將摘下的葉擺在土壤表面，一個月左右會長根或發芽，即表示已存活，可安心地栽培。

清除多餘的土壤，修剪根部。　　　　　將葉的部分處理成圓形，摘掉多餘的葉。　　　　　修剪根部以2cm至3cm為大致基準。

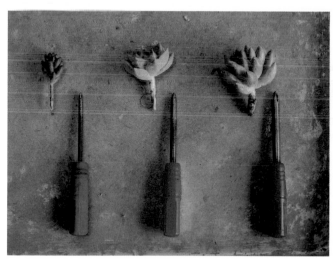 

左：莖部長度以花圈厚度為最大限度。這回使用的花圈基座厚約3cm，因此，莖部修剪長度以2cm至3cm為宜。配合莖部粗細，準備三種直徑的螺絲刀，操作更方便。　右：準備鐵絲網後，用於排放修剪過的多肉植物，除方便栽種之外，還可減輕植物的負擔，堪稱一舉兩得。

Chapter. 2

—

TANIKU-
PLANTS
on the wall

—

Wreath &
Tableau

3. 將多肉植物種入花圈基座

簡而言之，這是花圈基座鑽孔後，種入多肉植物，確實固定以免掉落的重要步驟，但避免多
肉植物掉落是非常困難的事情。必須利用螺絲刀側面，由所有方向按壓植物莖部周圍的水苔
與土壤。慢慢地、仔細地按壓吧！

— 栽種多肉植物

利用螺絲刀鑽上孔洞。花圈基座確實地填入土壤，因此，鑽孔時需要相當大的力道。　將多肉植物插入孔洞。

多肉植物莖部太長時，以剪刀修剪後，插
入至葉片完全貼住花圈基座。　最理想的狀態。

— 固定多肉植物

由鐵絲網旁的孔洞插入螺絲刀，以螺絲刀
側面按壓莖部周圍的水苔與土壤。環繞
360°，由所有方向確實地按壓莖部。　確實固定後的狀態。　莖部周圍的孔洞確實填入水苔至完全看不
出土壤。　水苔的添加量相當大。
感覺填入水苔的分量有
點多，經過壓縮後縮
小，看起來就剛剛好。

協調地重點栽種
三株多肉植物吧！

觀察三株多肉植物的協調狀態後，填滿之間空隙般種入多肉植物，即可完成漂亮作品。栽種方法如同P.54。配合莖部粗細，以適當直徑的螺絲刀鑽孔後，完全不留空隙地種滿多肉植物。鑽孔後立即填入水苔，種入多肉植物，確實固定莖部後，才接著栽種下一株多肉植物。仔細地完成每一株多肉植物的栽種作業，就是完成精美花圈的訣竅。其次，花圈基座露出水苔時，就會破壞好不容易營造的氛圍，因此，栽種多肉植物至完全看不出花圈基座，也是至為重要的處理要點。

Chapter. 2

—

TANIKU-
PLANTS
on the wall

—

Wreath &
Tableau

4. 翻向背面，將水苔填入孔洞

填入水苔方法請見P.54。仔細地填入水苔至土壤不會輕易地掉出，完全
看不出黑色土壤部分為止。

翻向背面，仔細地確認。

側面觀看時的狀態。

———— 花 圈 的 澆 水 方 法 ————

無論製作花圈或種入栽培箱，剛完成時，植物都會感覺到壓力。因此，完成後必須靜靜地擺放至植物完全習慣新環境
為止。這時要特別留意，以免植物失去活力。靜置三星期左右後，先觀察狀況再澆水。澆水方法是將花圈放入缽盆
裡，以蓮蓬頭由上往下灑水。花圈完全浸入水中後，靜靜地浸泡15分鐘。下次澆水必須視植物狀況而定，以兩個星期
為大致基準。每天都觀察植物，請於發現植物「很想喝水」時澆水。每天觀察植物，悉心呵護，漸漸地就能看出植物
的心情。

以蓮蓬頭澆水。

花圈完全浸入水中後，靜靜地浸泡15分鐘。

Wreath. 01

季色

多肉花圈被視作TOKIIRO的創作原點。
這是紅色多肉植物轉變成紅葉狀態時的美麗樣貌。
春天時天氣漸暖,日照越來越充足,紅色部分就會轉變成綠色。
秋天時氣溫越來越低,陽光減弱,
就會再度轉變成紅色。話雖如此,相較於一年前,
花圈的表情一定會顯得很不一樣。
因為多肉植物是那麼生氣盎然地生長著。

Wreath. 02

寧靜的永恆

減少色彩運用，
以白與綠的多肉
構成簡單素雅花圈。
冷靜沉著，
釋放出閒靜凜然的氣氛。
不會呈現時刻變化，
而是具有普世價值的永恆。

— 栽種要點

減少紅葉品種，完成簡單素雅花藝創作。色彩
鮮豔的紅葉品種多肉植物，是甜美可愛的象
徵。稍微減少這類植物，表現出濃濃的大人
味。其他多肉植物隨著季節變化程度較少，充
分運用該特徵。

— 栽培要點

澆水方法如P.56。請將花圈放入水中確實地泡
水。

Chapter. 2

—

TANIKU-
PLANTS
on the wall

—

Wreath &
Tableau

Chapter. 2

—

TANIKU-
PLANTS
on the wall

—

Wreath &
Tableau

稱為「松蘿」的鐵蘭屬植物，
耐溫度、濕度的能力皆強韌，只要是明亮場所，
擺在哪裡都能生存。
這就是最強植物的組合。

Wreath. 03

世界最強・永恆的綠

— 使用植物

松蘿
（鳳梨科鐵蘭屬）

小精靈
（鳳梨科鐵蘭屬）

— 栽種要點

花圈基座為枝條作成的市售花圈。基
底鋪滿絲狀松蘿，調整線條後配置，
以0.3mm黃銅線固定。固定方法請參
照P.63「2.裝飾松蘿」。

— 栽培要點

在陽光照射得到，環境明亮的浴室窗
邊栽種也很有趣。種在室內當然也
OK。但因原本是附著在大樹枝幹上
漸漸進化，所以要充分澆水、吹風，
植物們應該會更開心。

希望重點加入其他多肉植物時，

該怎麼作才會存活呢？

這個形狀的花圈，就是因為這樣的疑問而誕生。

看起來，

像不像是配戴著胸花呢？

宛如配戴著胸花一般

― 使用植物

秋麗（風車草屬）
愛染錦（蓮花掌屬）
綠之鈴（菊科黃菀屬）
逆弁慶草（Silver Pet）（佛甲草屬）

波尼亞（青鎖龍屬）
虹之玉（佛甲草屬）
姬朧月（風車草屬）
松蘿（鳳梨科鐵蘭屬）

― 栽種要點

枝條作成的市售花圈基座，組合包裹著土壤，可栽種多肉植物，供多肉植物生長的底座後，覆蓋上松蘿，以此為最大特徵的花圈。詳細作法請見P.62至P.63。好幾種的多肉植物，在小小空間裡相依相偎地生長著。

使用松蘿的花圈

花圈的變化作法

以空氣鳳梨創作出更富變化的花圈。
P.60為完全使用空氣鳳梨的花圈，P.61則是松蘿與多肉植物組合而成的花圈。
順便一提，兩個花圈皆使用鳳梨科鐵蘭屬的松蘿，
在日本俗稱西班牙水草（Spanish moss），沒有土壤也能生存，
因此花圈基座不需要土壤，只要在市售花圈捲上松蘿即完成。
但栽種多肉植物的部分，就要加入土壤喔！

1. 製作松蘿的花圈基座

栽種松蘿部分為市售花圈，栽種多肉植物部分則應用P.50至P.52的花圈基座。將植物依序
種入兩者合體後完成的花圈。

Chapter. 2

—

TANIKU-
PLANTS
on the wall

—

Wreath &
Tableau

栽種多肉植物
的部分……

將水苔片剪成網子大小，捲成圓
柱狀後填入土壤的作法，如同製
作花圈基座。填入土壤之際，一
邊加入組合市售花圈基座的粗鐵
絲。

材料＆工具

01. 花剪
02. 剪刀
03. 建築資材用鐵絲
04. 直徑0.3mm黃銅線
05. ＃24號花藝創作專用鐵絲
06. 栽種多肉植物基底
07. 松蘿
　　（鳳梨科鐵蘭屬）
08. 市售花圈基座（藤蔓製）

將栽種多肉植物的水苔基底，疊在市
售花圈基座上，確認尺寸。

市售花圈基座，需嵌入栽種多肉植物
基底，嵌入部位的左右兩側，分別捲
上鐵絲後固定。

以花剪剪斷。

將栽種多肉植物基底，嵌入剪斷部
位。

以鐵絲固定市售花圈基座，與嵌入後栽種多肉植物基底的銜接處。取兩條鐵絲，分別由外側與裡側穿過花圈基座
後，確實地接合固定。

2. 裝飾松蘿

完成花圈基座，以松蘿裝飾市售花圈基座後固定。
固定時使用細黃銅線。嘗試過各種金屬線，
還是以這種最不顯眼，完成的花圈最漂亮。

將松蘿鬆鬆地放在市售花圈基座上，覆蓋至完全看
不出底下的花圈。

以直徑0.3mm黃銅線，將松蘿固定在花圈基座上。
一邊觀察狀況，一邊輕輕地固定八處左右。

牆面掛飾的作法

裝飾牆面的多肉植物 ❷

Tableau於法語意為牆面掛飾。
TOKIIRO也從事配置多肉植物的名牌與留言板等製作。只加上少許植物，就能完成漂亮又充滿立體感，看起來很療癒的作品。外型小巧，裝飾效果卻非常好。

Chapter. 2

—

TANIKU-
PLANTS
on the wall

—

Wreath &
Tableau

製作牆面掛飾的基本工具

使用的工具基本上和製作花圈時一樣。差異在於使用牆面掛飾基底。牆面掛飾基底形狀隨個人喜好，方形、圓形皆可，請發揮巧思更廣泛地運用。本單元中使用最基本的長方形。長方形板狀材料端部處理成栽種多肉植物的部分，留下的空間可清楚書寫留言等。

01
—
水苔

用於製作栽種多肉植物的基底，作法如同製作花圈基座。目的是覆蓋土壤以免流失。

02
—
牆面掛飾基底

板子大小隨個人喜好，鑽孔後塗刷喜愛的顏色，完成製作牆面掛飾的基底。圖中使用大小為8×20cm的基底，孔洞為直徑2.5cm。

03
—
鐵絲網

使用製作花圈基座的鐵絲網。

04
—
鑷子

栽種多肉植物、補強水苔時使用。

05
—
圓棒

抵住鐵絲網以形成圓形，或用於壓縮水苔或擠乾水分。

06
—
剪刀

將鐵絲網剪成適當大小時使用。

07
—
鐵鉗

往內夾彎鐵絲網邊端。

Chapter. 2

—

TANIKU-
PLANTS
on the wall

—

Wreath &
Tableau

1. 製作牆面掛飾基底

可運用花圈基座作法，完成牆面掛飾基底。以製作花圈要領製作水苔網，處理成丸子狀，埋入牆面掛飾基底的孔洞，依序栽種多肉植物。

將圓棒抵住鐵絲網以形成圓形。

預留長約5cm，以剪刀剪掉多餘部分。

拉開鐵絲網，裝入水苔。

以圓棒擠壓，壓縮水苔。

拔出圓棒後狀態。

填入土壤。

以圓棒壓實土壤。

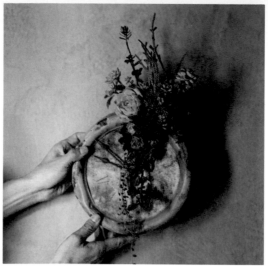

改造老鐘後完成的牆面掛飾，鐘面內部填入土壤。

板材正中央鑿穿大孔洞後，栽種多肉植物。

以水苔為蓋，覆蓋莖完全看不出土壤。

以鐵鉗夾彎鐵絲網邊端，覆蓋水苔，處理成丸子狀。

處理成丸子狀後的模樣。

塞入牆面掛飾基底的孔洞。

由背面側擠壓水苔，至背面側與基底呈平面狀態。目的是希望完成的掛飾緊貼牆面，避免丸子狀部分掉出。

基底表面預留書寫留言或姓名的空間。未規劃書寫留言的部分，可加大栽種多肉植物的區域，即可完成多肉植物裝飾板（請參照右上圖）。

2. 準備多肉植物

將希望使用的多肉植物排在淺盤裡。使用的品種和製作花圈時一樣（請參照P.44），但稍微增加律動感，感覺會更有趣，因此也加入「垂吊性多肉植物」（請參照P.72）。

01.松葉佛甲草（佛甲草屬）　02.白牡丹（擬石蓮花屬）
03.逆弁慶草（Silver Pet）（佛甲草屬）　04.紅稚蓮（擬石蓮花屬）
05.三色景天（佛甲草屬）　06.月王子（佛甲草屬）
07.虹之玉（佛甲草屬）　08.乙女心（佛甲草屬）
09.秋麗（風車草屬）　10.愛染錦（蓮花掌屬）
11.綠之鈴（菊科黃菀屬）

3. 將多肉植物種入丸子狀部位

栽種方法基本上與種入花圈時一樣。但這回使用垂吊性植物，因此從該部分開始種起吧！

依據使用長度，準備垂吊性多肉植物綠之鈴，大致觀察一下栽種的協調狀態。

以螺絲刀在丸子狀部位鑽孔後，將綠之鈴莖基部插入孔洞。綠之鈴莖部柔軟，以鑷子夾住後栽種，就能種得更漂亮。

將綠之鈴配置在丸子狀部位的四周後，以迷你U形鐵絲固定住。使用小於牆面掛飾基底厚度的U形鐵絲，完成的作品更漂亮。往丸子狀部位固定兩處左右即可。

其他多肉植物的種法如同製作花圈。由比較吸引目光的大株多肉植物開始種起，接著栽種小巧多肉植物，直到完全看不出丸子狀部位。

Chapter. 2
—
TANIKU-
PLANTS
on the wall
—
Wreath &
Tableau

Tableau. 01

突出畫框的立體畫

與花圈的最大差異是突出框架。

突出畫框，繼續生長著，

——只有牆面掛飾才能夠展現這樣的趣味性。

牆面掛飾當然是掛在牆面上。

一直掛著，植物就會朝著太陽方向生長。

虹之玉的反應最快，朝著陽光生長的能力最耀眼。

其他多肉植物的情形是，想往上的就往上生長，

想往下的就往下垂吊著。

以小小的空間鋪陳出如此奧妙的大自然生態。

讓人深深地感覺出它們與生俱來的自然生命力。

Chapter

3

懸浮空中的希望之形

― 吊盆栽種實例 ―

枝葉往盆器外生長，懸浮在空中的多肉植物，此栽種型態就是吊盆，看起來是不是很像在宇宙間飛行的綠色太空船呢？搭載的是想在空中翱翔的願望，或想擁有更寬廣視野，看到更遙遠景色的希望。搭載這麼多願望的多肉植物太空船，到底要飛到哪裡去呢？一邊仰望著該情景，一邊憧憬著那片廣無邊際的天空。懷著這種心情來種下多肉植物吧！

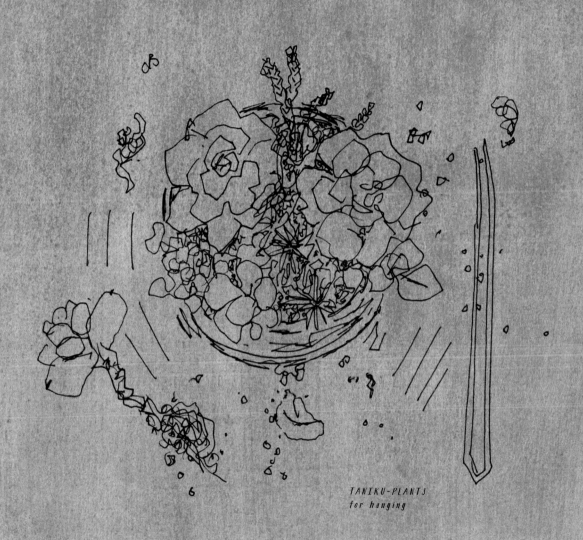

TANIKU-PLANTS
for hanging

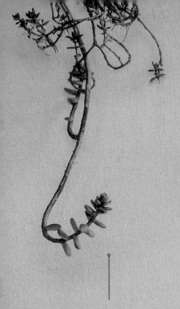

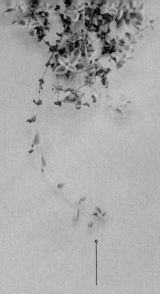

上／普諾莎
下／粉雪（Konayuki）

普諾莎為青鎖龍屬，特徵為葉
漸漸地長成十字型。粉雪為佛
甲草屬，葉呈放射狀生長，開
白花。

小酒窩錦

青鎖龍屬。隨著時間不斷地朝
下生長。學名中的Missy意思
為「小姐」。喜愛乾燥。

舞乙女

青鎖龍屬。真正向上生長的多
肉植物，但隨著時間而漸漸地
呈現出垂吊特性。仔細看，葉
交互長成十字型。

多肉植物圖鑑 | 6

適合吊盆栽種的多肉植物

TANIKU-PLANTS for hanging

菊科的綠之鈴、紫玄葉等，都是最具代表性的垂吊性多肉植物。
特徵是，種入吊盆後，不會讓人一直盯視著盆器內，可欣賞往盆
器外生長的世界，一定要表現該特徵喔！除此之外，其他多肉植
物都是刻意地形成垂吊狀態。而這是經過長時間精心栽培的成
果，讓人不由得對農家產生了深深的敬意。

紫玄月

菊科厚敦菊屬。菊科特徵為極
喜愛水！因此，搭配喜愛乾燥
的多肉植物時，澆水必須特別
留意這部分。

綠之鈴

菊科黃菀屬。與紫玄月同屬菊
科，因此性喜水分。但不同
屬，該差異會表現在花上。生
長速度快。

玉綴

佛甲草屬。莖部完全不會直立
生長。耐濕度能力強，耐寒性
較弱，冬季期間移往室外可能
呈現冰凍狀態。寒冷時節覆蓋
塑膠布，移往簡易溫室等，都
具備防寒效果。

被遺忘的森林

P.93將會談到車諾比，
一個已經見不到人類蹤影的地方，
卻充滿著大自然原始力量般，
成為一座占地遼闊的植物樂園。
本單元就是想表現當地現況，
表現多肉植物置身鐵作遺跡中，依然不斷增長的意境。

— 使用植物

　　松葉佛甲草（佛甲草屬）
　　玉綴（佛甲草屬）
　　春萌（佛甲草屬）
　　虹之玉（佛甲草屬）
　　姬朧月（風車草屬）
　　白牡丹（擬石蓮花屬）
　　柳葉蓮華（擬石蓮花屬×景天屬）
　　月王子（佛甲草屬）
　　覆輪圓葉萬年草（佛甲草屬）
　　綠之鈴（菊科黃菀屬）
　　錦乙女（青鎖龍屬）
　　朧月（風車草屬）
　　紅葉祭（青鎖龍屬）

— 栽種要點＆栽培要點

　　直接搬過來一般，種出最自然的感覺後悉
　　心栽培，讓多肉植物想往上生長就往上，
　　想向下延伸就向下。將體質較強與較弱的
　　植物種在相鄰位置時，弱者可能將地盤讓
　　給強者。那是非常自然的現象。完成的是
　　全然接受該現象的創作。

吊盆與第一章提到的栽培箱，最大差異在於吊掛與擺放。以多肉植物完成創作的方法，基本上都一樣。因此，製作多肉植物吊盆的章節，將重點擺在準備吊掛用盆器部分。吊掛方式可大致分成掛在天花板的吊掛式，與掛在牆上的壁掛式兩種，以下分別介紹這兩種方式。

1. 製作吊掛式盆器

完成品。鐵絲長度隨個人喜好。

材料＆工具：鐵鉗・盆器・盆底網・鐵絲

將鐵絲的其中一端摺成90˚。

配合盆腳高度，依序摺成方形。

先摺好三邊，第四邊摺短一點，鐵絲的另一端必須穿過盆底孔，因此依據孔洞距離摺彎鐵絲。

將未摺彎的那一端，由盆器底部穿入盆底孔。

翻轉盆器後擺好，將盆底網穿過鐵絲。鐵絲必須穿過盆底網中央。

將鐵絲端部摺成J形即完成掛鉤。

1.掛在天花板的吊掛式。　　　2.掛在牆面的壁掛式。

2. 製作壁掛式盆器

完成品。使用鐵絲長度以多肉植物可遮擋為原則。

材料＆工具：鐵鉗・盆器・盆底網・鐵絲・電鑽

以電鑽於盆器側面鑽上兩個孔洞，孔洞必須鑽在盆器側面上側與左右距離相等的位置。先使用較細的鑽頭，一面觀察鑽孔狀況，一邊擴大孔洞，鑽上可順利穿過鐵絲的孔洞。

將鐵絲摺成U形，決定壁掛式掛鉤的長度，太長時剪短。

將鐵絲兩端摺成90°。由盆器上端至孔洞之間長度＋1cm左右的位置摺彎。

摺好鐵絲後，由盆器內側，將鐵絲尾端穿過孔洞，此步驟很重要。

將鐵絲端部往上摺後，捲繞鐵絲的U形部位。

確實地固定鐵絲，以免掛上牆面後整個掉落。

077

Hanging. 02

三艘在空中飛行的太空船

滿滿垂掛的太空船，

微微垂掛的太空船，

茂密渾圓的太空船，

你想搭乘哪一艘呢？

— 栽種要點

由盆器正中央開始，依序栽種綠之鈴等垂吊性類型多肉植物。接觸土壤部分較多，根部由該處長出後，確實地扎根土壤。

— 栽培要點

懸浮空中，可防止螞蟻入侵。通風狀況良好也深具魅力。需觀察狀況充分澆水。請參考P.25「栽培箱的澆水方法」。

Hanging. 03

離家出走中

越簡單的盆器，視線焦點越容易聚集在往盆器外生長的多肉植物上。

離開植物的家——盆器之後，孩子要前往哪裡旅行呢？

立於內在觀點與外在觀點——

改變觀點，就會指引你看到不同的景色。

— 使用植物

花麗（擬石蓮花屬）
舞乙女（青鎖龍屬）
普諾莎（青鎖龍屬）
小酒窩錦（青鎖龍屬）
虹之玉（佛甲草屬）
Acre Aureum（佛甲草屬）
三色景天（佛甲草屬）

— 栽種要點

由主角舞乙女開始栽種，一邊考慮輪
廓，一邊思考栽種位置。

— 栽培要點

剛完成栽種，當然不會顯得很自然。植物處在全新的環境
裡，也會感覺到壓力，建議栽種一星期後才開始澆水（請
見P.25澆水計畫表）。栽種一個月後，多肉植物就會開始
發揮與生俱來的特性，展現出最自然美麗的樣貌。

4

希望與多肉植物一起
享受幸福快樂的生活

之前的章節中，已廣泛地介紹多肉植物相關創作，但本單元中介紹的內容，才是大家更需要深入地了解的部分。因為這是與多肉植物共存，一起享受美好時光的最重要部分，尤其是「多肉植物是活的，請以多肉植物觀點看待多肉植物」的內容。過去，多肉植物到底是在什麼樣的環境中生長呢？只要了解這個面相，就能一窺多肉植物的心。

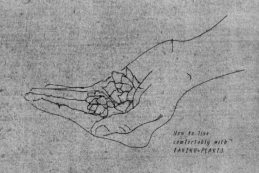

How to live comfortably with TANIKU-PLANTS

The Life with TANIKU-PLANTS

何謂多肉植物？

　　雖然都被稱為多肉植物，但事實上，種類多達好幾千萬種。共通點在於根、莖、葉內部會儲存水分，這類植物統稱「多肉植物」。TOKIIRO採用的多肉植物係以景天科、菊科、部分百合科等，葉片會儲存水分與養分的類型為主。最具代表性植物分別為莖部儲存水分類型的仙人掌類，及根部儲存水分類型的塊根植物。

　　原產地以中南美、南非沙漠或海岸等乾燥地帶為主，請想像一下當地的情況吧！白天炎炎烈日照射，水分稀少，空氣乾燥；夜晚氣溫極速下降，晝夜溫差甚至高達40℃以上。為了繼續在這麼嚴峻的環境下生長，植物必須不斷地進化。體內大量儲存水分，一邊活用著體內的水分，一邊繼續生長。炎熱的白天關閉葉片的氣孔（相當於植物「嘴巴」的孔洞），避免體內水分蒸發，夜晚天氣轉涼後，打開氣孔，自我調節以適應外界溫度。因此，對於夏季夜晚氣溫依然居高不下又潮濕的日本等地環境，難以適應的多肉植物其實還不少。

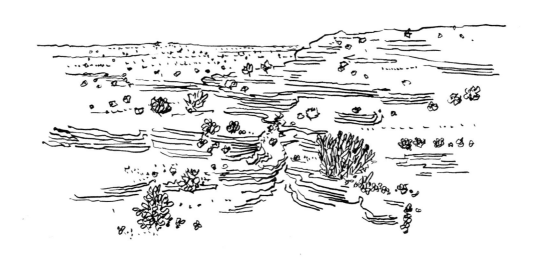

多肉植物非常喜愛水分！

「多肉植物的主要生長地帶為沙漠或乾燥地區」，聽到這個說法時，易讓人產生「多肉植物喜歡炎熱場所，幾乎不需要水分」的想法吧！

事實上，多肉植物非常喜愛水分。前述章節中也曾提過，多肉植物是偶然間生長在很乾燥的環境，偏偏該環境又位於炎炎烈日照射的大地，因此，經過很長的時間，才終於進化到能夠在那麼嚴峻的環境下生長。漸漸地進化為體內能夠儲存水分，形狀與顏色變得很獨特的植物。栽培、繁殖方法也特別不一樣，都是因為生長環境的關係。多肉植物隨著地球環境變化而不斷地進化著，將來還是會繼續進化。

多肉植物行光合作用而喜愛水分

上一個項目談到「多肉植物非常喜愛水分」，多肉植物需要水分是為了行光合作用。不只是多肉植物，所有的植物都行光合作用。「國中時我最怕上生物課了」，突然想起這件事的人應該不少吧！但請別害怕，繼續地探討學習吧！

光合作用相當於人類呼吸後，吃下食物，攝取養分，轉換成熱量的生命活動。植物則是呼吸後，將養分的醣類轉換成熱量，維持生命活動運作。過程中最需要的是二氧化碳、水、陽光三大要素。植物吸入二氧化碳後，體內出現反應，產生氧氣、水與養分的醣份。化學式如下：

$$6\ CO_2 + 12\ H_2O \rightarrow C_6H_{12}O_6 \rightarrow 6\ H_2O + 6\ O_2$$

產生的氧氣經由氣孔排出。

觀察近年來建設的大樓就會發現到，牆面埋入植物、大樓中段樓層闢建庭園等，將植物納入都市景觀建設的綠化情形。這麼作只是為了人類嗎？不，那是將充滿空氣中的溫室效應氣體之一的二氧化碳，轉換成氧氣的嶄新嘗試，站在植物的觀點，那是生存上不可或缺的，絕對不是單純為了人類，那是植物生存絕對必要的生命活動。人類是不是該多花些心思，好讓植物的生命活動更順利地進行呢？我就一直抱著這種想法。

不過，多肉植物體內大量儲存水分，外界若給予太多水分，很容易出現體內水分過剩的情形。此情形或許就是人們誤認為「多肉植物不需要澆水」的主要原因。「相較於其他植物，多肉植物比較不需要澆水」，請牢記這一點，酌量澆水吧！

打造可讓植物舒服地行光合作用的環境

　　除光線強度之外，二氧化碳濃度、溫度對於光合作用速度影響也非常大。一般而言，溫度為10至30℃時，植物的光合作用最旺盛。促進葉中綠色物質的色素、葉綠素的合成狀況也非常旺盛，溫度超過這個範圍時，光合作用就難以進行，葉綠素漸漸地被分解。水分、二氧化碳、光線太少或失去平衡時，植物的光合作用也很難進行。

　　出現這些情形時，植物就會為了彌補不足而產生變化。缺乏光線時，為了追求光線而徒長；缺乏水分時，使用儲存體內的水分。體內水分減少後，植物就無法輸送光合作用後形成的醣份，與根部吸收的必要元素，儲存體內的水分使用殆盡時，植物就會枯死，這些現象都與光合作用息息相關。地球環境缺乏二氧化碳的情形難以想像，但二氧化碳減少，大自然生態就無法繼續運作，植物便會枯死。

　　氣溫低於10℃的寒冬、超過30℃的炎夏，植物的光合作用易因溫度而受到限制，因而衍生出「應減少水分補給」的說法。光合作用受到限制時期，多肉植物就會以儲存體內的養分維持生命。

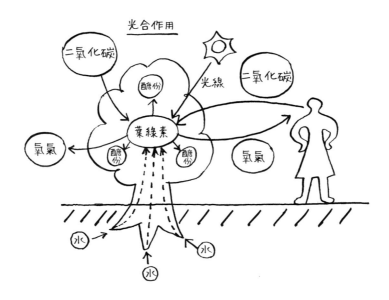

多肉植物與一般植物的光合作用有點不同

多肉植物必須花很長的時間適應、進化，才能適應生長場所的氣候與環境，光合作用方法也是配合環境不斷地進化，此過程稱為「CAM型光合作用過程」※。大部分植物都是白天吸入二氧化碳，行光合作用後，形成醣份，釋放出氧氣。多肉植物卻是入夜後才會開始行光合作用。

白天氣溫較高，多肉植物為了避免自己太乾燥，自動關閉二氧化碳與氧氣進出的氣孔，將水分流失控制在最低限度。夜晚比較涼爽時，才

打開氣孔，吸收二氧化碳，直到天亮，不斷地將蘋果酸狀態的養分，存入液胞裡。隔天早上，利用儲存的蘋果酸與光線，促使產生反應，形成醣份（葡萄糖）。這就是CAM型光合作用的整個過程。多肉植物行光合作用時，會大量消耗時間與能量，因此，生長速度也變慢。

※CAM：景天酸代謝（Crassulacean acid metabolism），簡稱CAM，是一些植物的精巧固碳方法。

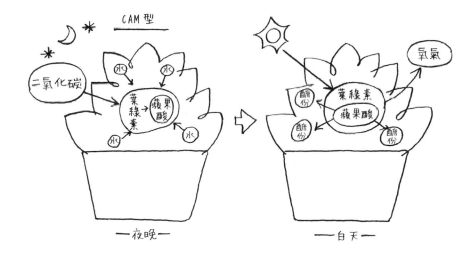

多肉植物不是室內植物

由光合作用、維持生命等面相觀察就會發現，夜晚時若將多肉植物擺在密閉空間裡，對多肉植物就會形成壓力。當無法充分地呼吸、產生養分時，植株就會嚴重弱化，多肉植物不斷地累積壓力，就會感到痛苦不堪吧！因此，即便是夜晚，也和白天一樣，擺在通風良好的場所吧！對多肉植物而言，這才是良好的生長環境。「夜晚擺在密閉空間裡」，意思是擺在房間裡、置於室內。多肉植物不是室內植物，這一點請牢牢地記在腦海裡！

近年來，在生活雜誌等媒介，越來越常見將多肉植物視為室內裝潢一部分的作法。問題是，多肉植物通常都是在烈日照射環境中，不斷地進化後才健康地生長，對於這類植物而言，擺在室內根本無法充分地照射陽光，當然很難繼續生存。

栽培多肉植物的三大要素——光・風・水

儘管如此，為多肉植物打造原生環境是非常困難的事情。擺在屋外妥善管理，自然就能吹到風。但這樣的環境，還不足以讓多肉植物健康地生長。

光、風、水，這就是多肉植物維繫生命的三大基本要素。栽培多肉植物，決定擺放場所時，請站在植物立場思考，聽聽植物「想在這裡生存！」的心聲，避免只以人類觀點，懷著「希望擺在這裡」的想法即可。

希望擺在哪裡、水分是否充足、通風與光線照射情形等，每天都仔細地觀察植物的狀況，就能漸漸地聽出多肉植物們的心聲，了解植物們的需求。

多肉植物的魅力

談談讓TOKIIRO深深著迷的多肉植物魅力吧！

那就是（1）形狀、顏色（2）生命力，及（3）環境適應力。

第一次見到多肉植物，那個性十足的樣貌就讓我怦然心動。「形狀好神奇呀！」、「你是活的嗎？」我還朝著多肉植物問過這種問題。深入了解後才知道，多肉植物種類相當豐富多元，每一種多肉植物的形狀與顏色都深具魅力，因此對多肉植物越來越著迷。與多肉植物相處後發現，一片葉子就會長出新芽，有時候只剩下莖部而感到氣餒時，卻發現已經冒出可愛的小芽，從多肉植物身上得到許多的感動與嶄新發現。

為什麼會冒出新芽呢？為何會長成這種形狀呢？顏色為什麼這麼繽紛呢？為什麼布滿纖毛呢？諸多問題不斷地浮現腦海中，因此想更深入地了解多肉植物。

更深入了解後終於知道，多肉植物是在嚴峻的環境下生長，為了繼續生存而慢慢地進化著，為了適應環境不斷地改變著自己。不是為別人而改變，完全是為了讓自己在那裡繼續生存、繼續繁衍後代，終於演變成那種樣貌、形狀、顏色。

譬如說，百合科十二卷屬多肉植物，都是在乾燥的巨大岩石底下或樹蔭下不斷地進化著，為了更有效地吸收少之又少的光線，葉尾轉變成透明狀態；伽藍菜屬福兔耳（請參照P.18）等，葉上布滿纖毛的多肉植物，都是透過纖毛控制照射葉片的光量。擬石蓮花屬多肉植物中，不乏葉上覆蓋白粉以控制光量的品種。

日本的多肉植物在紅葉時最漂亮

「漂亮程度名列世界第一」——以此形容日本的多肉植物，也不會言過其實。

日本的多肉植物會呈現紅葉狀態，與日本獨特四季變化息息相關。日本的多肉植物當然是原產於南美或南非等地，但來到日本後，經過許多業者的努力，終於栽培出能夠適應日本氣候的多肉植物。江戶時代留下的文獻中，就記載著直到現在都還存在的多肉植物名稱。

即將邁入冬季時，夜晚氣溫漸漸地下降，日本栽培的多肉植物就會啟動紅葉的開關。接著就來解開多肉植物啟動紅葉開關機制的神祕面紗吧！

多肉植物的色彩變化可大致分成「黃葉」與「紅葉」。多肉植物葉中具有稱為類胡蘿蔔素的黃色色素。光合作用旺盛時期，因光合作用而看起來為綠色的葉綠素（Chlorophyll）陸續形成，類胡蘿蔔素則漸漸地隱藏。氣溫下降後，光合作用減緩，葉綠色合成也減少，受到原本就隱藏體內的類胡蘿蔔素黃色色素之影響，多肉植物的葉子就漸漸地轉變成黃色。

那麼，葉子為什麼轉變成紅色呢？

氣溫下降，光合作用減緩，儲存葉中的醣份，與太陽紫外線產生反應後產生的花青素進行合成後，葉就會轉變成紅色。葉轉變成紅色的程度，取決於多肉植物體內的葡萄糖含量。初秋時節充分地行光合作用，大量儲存葡萄糖，葉就會轉變成顏色深濃的紅葉。相對地，葡萄糖儲存量越少，轉變紅色後顏色越淺。

多肉植物的生存方式

一聽到紅葉就會聯想到落葉吧！銀杏與楓樹呈現漂亮紅葉後就落葉。多肉植物也會呈現紅葉，但不會落葉。多肉植物為什麼不落葉呢？

紅葉後落葉是植物必然會發生的現象，易讓人產生這種聯想。事實上，兩者的原理截然不同。

為了保護自己，避免邁入冬季後，因寒冷與乾燥而受傷害，落葉樹一到了秋季就落葉。相對地，多肉植物一直在嚴峻的環境下生長，為了生存，必須靠肥厚的葉，非常有效率地儲存水分、行光合作用後產生的醣份、根部吸收到的必要元素。

多肉植物是植物，當然，也會開花。但多肉植物的生長環境裡，出現蟲、鳥等幫忙授粉的情形極少見，因此自然地孕育出不需要靠花，依然能傳宗接代的機制，體內具有生長點，葉片或莖部不小心折斷後，會自動地長出新芽，繼續繁衍後代。

對於置身環境不會表示任何意見，只是默默地接受著一切，不斷地進化，將來還是會繼續進化的植物就是多肉植物。我不確定以「魅力」兩字形容多肉植物是否恰當，但我深深地覺得，人們可以不斷地從多肉植物身上學到生存與接受的真諦。

更詳細地解說光線對多肉植物的必要性

希望與多肉植物一起過著幸福快樂的生活，TOKIIRO對此至為重視，因此，請容許我更詳細地解說，內容有點難，請一起來學習吧！

與多肉植物生長關係最密切的就是光。多肉植物生長需要什麼光呢？

需要光合作用中吸收，波長很適合多肉植物生長的光。多肉植物吸收的光線以藍光（400至500nm）、紅光（600至700um）為主。單位為表示光線吸收量的光合作用光子通量密度（photosynthetic photon fluxdensity. PPFD）μ mol m^{-2} s^{-1}。炎夏直射陽光為2000，陰天為50，小學教室桌上為10。小學教室為上課用，因此，就室內而言，感覺比較明亮。

多肉植物生長需要300至500 PPFD。「炎夏擺在遮蔭處吧！」提出此建議是因為光線太強。其他季節必須充分地直接照射陽光，否則容易缺乏光。

思考一下室內光線吧！炎熱夏季天氣晴朗時，起居室窗邊光線或許充足。但，陰天時，室外光線只有50μ mol m^{-2} s^{-1}，因此，室內光線應該更低。上一個項目曾提到「多肉植物對於置身環境不會表示任何意見，只是默默地接受著一切，不斷地進化。」換句話說，擺在光線比較不充足的場所時，為了生存，多肉植物一定會作出反應，為了追求光線而拚命生長，因而出現徒長現象。最後，多肉植物甚至因為光線不足而無法行光合作用，無法產生熱量，耗盡一切後死去。

多肉植物呈現紅葉原理與紫外線息息相關，擺在屋外充分地照射陽光以儲存養分，若非環境太特殊，否則這些都是擺在室內時所無法呈現的效果。

依屬分類
多肉植物的栽培方法・栽種方法・栽種要點

我想你一定也經常聽到「多肉植物種類豐富多元，相當難以掌握特徵……」這句話。

事實上，多肉植物種類具規則性，該規則就是「屬」。屬係針對植物類別彙整而成。因此，了解屬的分類，就能大致地想像多肉植物的喜好與形狀等特徵。

本單元彙整的是TOKIIRO創作時常用的多肉植物，提供你從事多肉創作或栽培時的參考。

種類	屬性	主要植物	栽培要點
景天科	擬石蓮花屬	白牡丹・七福神・花麗・舞會紅裙・紐倫堡珍珠・桃太郎・Peacockii Princess Pearl・粉藍・紫羅蘭女王・銀晃星・多明哥・紅稚蓮・魯氏石蓮花	「這就是多肉植物！」會讓人產生這種想法的種類。華麗葉片展開時，宛如簇生形的玫瑰。交配品種也不少，廣受喜愛的多肉植物（請參照P.30至P.31）。
	蓮花掌屬	夕映・艷姿・愛染錦・黑法師・Lemonade・曝日	長出根部後繼續生長，長至土壤後，成為真正的根。冬季成長。
	風車草屬	秋麗・朧月・姬朧月	葉片厚實，栽種後，通常會隨著時間長成垂枝狀。
	佛甲草屬	虹之玉・Acre Aureum・乙女心・白雪Misebaya・森村萬年草・小球玫瑰・覆輪圓葉萬年草・大唐米・白花小松・虹之玉・春萌・逆弁慶草・松葉佛甲草・三色景天・月王子・粉雪・玉綴・黃金圓葉萬年草	品種多達400餘種。特徵為群聚生長，成長速度快，比較容易栽培。性喜水分與光線。萬年草分為莖部直立與爬地生長兩種類型。（請參照P.20至P.21）
	青鎖龍屬	紅葉祭・絨針・火祭・若綠・錦乙女・波尼亞・普諾莎・小酒窩錦・筒葉菊・花月	葉長成十字型，植株長成棒狀。莖部直立與長成垂枝狀，種類豐富多元，葉瓷易構成花藝創作重點。
	厚葉草屬	月美人・千代田之松・群雀・東美人・桃美人・紫麗殿	葉層疊生長，越來越茂盛。種在陽光充足、通風良好的場所吧！
	伽藍菜屬	福兔耳，月兔耳・唐印・蝴蝶之舞	適合日本氣候栽種的種類，容易栽培。長織毛與會呈現紅葉，種類豐富多元。
	擬石蓮花屬×景天屬	綠焰・柳葉蓮華・樹冰	佛甲草屬與擬石蓮花屬的屬間雜交種，各具特色，容易搭配。宜擺在通風良好的場所，多照射陽光。
百合科	十二卷屬	玉露・姬玉露・白斑玉露・水晶殿・紅水晶・寶草・Cymbiformis・雪之花・萌・Cooperi・文碧拉蒂可拉	原本生長於岩石遮蔭處或大樹下，為了得到少之又少的光線而不斷地進化。葉具透明感，照射光線就能清楚看出。夏季期間避免直射陽光，光線較柔和時，可作日光浴（請參照P.32至P.33）。
菊科	黃菀屬	綠之鈴・美空鉾・銀月	大多垂吊生長，成長速度也很快。接觸土壤就會長出根部，因此，接觸土壤部分越多，根部生長狀況越好。性喜水分，大量地澆水吧！
	厚敦菊屬	紫玄月	生長方式與黃菀屬相同，差異在於花的形狀。

有助於提升多肉植物栽培技巧的Q & A

當我前往各地參與多肉植物展覽會，
舉辦多肉植物創作工作坊時，經常被問到一些問題。
聽説「不會枯萎」而開始栽培，卻很快就枯死，或栽種後顏色越來越淡該怎麼辦？
本單元中就一起來回答吧！你家中的多肉植物是不是也有這些問題呢？

Q.1

該澆多少水呢？

　　將多肉植物擺在陽光非常充足的場所時，澆水的大致基準為兩星期一次，澆水至盆底孔大量出水為止。但實際擺放環境各不相同，請一邊觀察多肉植物的生長狀況，一邊找出澆水的適當時機。

　　栽培多肉植物不需要頻繁地澆水，維護管理較簡單，但水分不足時，就無法行光合作用，無法輸送養分。重點是需要充足的光線與適度地澆水，方法請參考P.25。

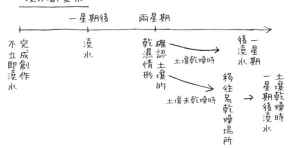

Q.2

多肉植物應該擺在什麼場所呢？

　　能夠充分照射陽光的室外，最適合擺放多肉植物。室內光線照射量明顯不足。光線相關內容請參照P.86、P.88。

Q.3

什麼時候比較適合移植呢？

　　景天科多肉植物幾乎都是生長期為春季與秋季的品種，因此，春、秋兩季可説是最適合移植的季節。尤其是日本，「春、秋的彼岸※前後」就是最適合移植的時期。
　　註：彼岸——春、秋分的前後三天。

Q.4

需要施肥嗎？

　　基肥就足夠供應多肉植物兩年左右的肥份。時間經過需要追肥時，施用「緩效性肥料」即可，園藝賣場就能買到。

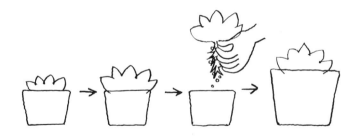

Q.5

多肉植物可以淋雨嗎？

　　淋雨也沒關係，但避免連續淋雨兩天以上。

　　請想像一下多肉植物原產地的自生環境，該環境應該沒有避雨的設施吧！當地很少下雨，但並不是完全不下雨。

　　日本容易下雨，梅雨季節等時期更是陰雨連綿，這個時期必須特別留意！若持續淋雨，多肉植物弱化情形會特別嚴重。多肉植物持續淋雨時，就會一直緊閉著葉子上的氣孔，無法吸收光合作用所需二氧化碳。短短的一、兩天還可勉強忍耐，若連續三天都處於無法補給二氧化碳的狀態，多肉植物就會感受到壓力，葉子產生活性氧而自我攻擊，就像人類罹患壓力性胃潰瘍。易導致多肉植物關閉氣孔的夜雨，就要特別留意。

　　澆水時，水淋到葉子則不必太在意。這種程度的水能夠沖掉附著在葉子上的灰塵與汙垢，反而有助於多肉植物的生長。

Q.6

多肉植物長大後該怎麼辦？

　　進行移植既可促進根部生長，又能更換土壤，對植物絕對有好處。思考一下多肉植物「長大」到底是什麼狀況吧！「買回家時模樣小巧，形狀圓胖，實在可愛，栽培後很快就長大，就不可愛了！」這種說法也經常會聽到。

　　這種狀況下的「長大」，通常指日照不足而引發的徒長（長出瘦弱枝條）。多肉植物幾乎都是以CAM型光合作用過程行光合作用（請參照P.85），因為行晝夜兩階段的光合作用反應，所以，相較於其他植物，生長速度比較慢。多肉植物買回家後，葉姿迅速地出現變化，一定是感受到某種壓力，為了維繫生命，不得不作出反應。帶回家還不到一個月，多肉植物就極端生長時，請先解決光線不足或過度澆水等問題。

TOKIIRO與多肉植物

接下來談談TOKIIRO與多肉植物相遇的故事吧！
那是邁入多肉植物世界的第一步，同時也是動機始終如一，繼續邁向未來的第一步。

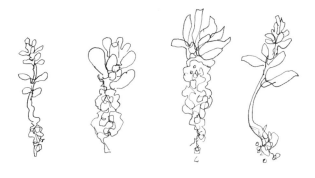

2008年6月

　　一對與植物毫無淵源的夫婦，在親戚的邀約下，造訪了「八ヶ岳俱樂部」，欣賞了園藝家柳生真吾所製作的多肉植物花圈。當時妻子說「好想買一個喔！」丈夫卻回答：「會枯死啦，不要買活的植物。」

　　但因為妻子實在太想要，丈夫終於買了園藝家真吾撰寫，關於多肉植物花圈作法的書籍，兩人才踏上了歸途。

　　第二天，剛好丈夫休假在家，決定前往住家附近的花店與居家用品賣場逛逛，結果，買了好幾種當時流通量還很少的多肉植物，又準備了材料，一邊看著書，一邊完成了多肉植物花圈後，要送給妻子。收到花圈時，妻子的眼神發亮，欣喜無比。看到妻子臉上的笑容，讓丈夫心中洋溢著滿滿的幸福感。

　　於是又照著真吾書上記載，陸續地完成各式創作與牆面掛飾，讓屋後庭園都擺滿了多肉植物。當庭園再也找不到可擺放作品的場所了，該怎麼辦？多肉植物開始漸漸地由屋後一直擺放到屋前玄關處。「這些是在哪裡買的呀？」路過行人頻頻詢問，終於開始接受訂作。向相關單位登錄即可以業主名義與植物流通市場、農家交易，了解這件事後，終於決定了創作組合的名稱。

2009年6月

　　「季色」誕生。

　　慢慢地欣賞多肉植物魅力之一的四季色彩變化，懷著這種想法，將創作組合命名為季色（TOKIIRO）。日常生活中為了工作，為了家庭、家人而忙碌著，驀然回首時，早已迎接盛夏季節的到來，「好冷喔！」轉瞬間時序又進入寒冷的冬季，無暇欣賞難得的四季變化，日子就悄悄地溜走。這才懊惱，為什麼不放慢腳步好好地欣賞。

　　忙碌的人們，多肉植物會慢慢地為你捎來日本的四季訊息，希望你能因為多肉植物，而懷著從容不迫的心情。希望讓更多人知道，創作組合名稱「季色」就是隱含著這層意涵。

　　從此，即便時光不斷地流逝，理念卻未曾改變，季色不斷地進化著，希望更多人能夠為多肉植物而感動、而著迷。2016年，除了日本之外，也希望這份心情也能傳送到世界各地，終於以羅馬拼音的TOKIIRO取代了「季色」。

　　因為感受到身邊的人流露喜愛的臉上笑容後，展開新生活的季色，將更積極地前往世界各地，繼續從事多肉植物創作，也希望能看到更多人的臉上，充滿著幸福快樂的笑容。

寫給閱讀本書的你

　　包括仙人掌與塊根類植物在內，除了原產地重視之外，多肉植物廣受日本，乃至台灣、中國、歐洲等世界各國之矚目。

　　單一種類植物能夠成為廣大地區備受矚目的植物，當然有其原因。那是在提醒世人們，面對地球暖化等未來的環境變遷，環境適應能力較強的植物應該趁早推廣至世界各地。除了人類之外，動物也不例外，必須吸入植物為了本身生存而行光合作用後產生，也就是所謂的副產品的氧氣才能生存。換句話説，植物未行光合作用，人類就無法生存，世上沒有植物，人類就無法繼續存在。但，世上沒有人類，植物還是能夠繼續生存。

　　車諾比核能電廠事故發生至今，已經過了三十個年頭，人類離開那座城市已長達三十年。有害物質的放射性銫137即將迎接半衰期的來臨，透過空拍機拍攝車諾比現況的影像，在某種意義上深具震撼性，空拍機拍到的竟然是一座遠超乎人類力量的植物與動物的「樂園」。一邊承受著DNA傷痛，一邊繼續生存的植物，枝繁葉茂地在那座杳無人煙的城市裡繁衍著，潛入人類建蓋的建築物，欣欣向榮地生長著。就像是默默地接受著環境，承受著放射性物質，回歸土壤，留下子孫，一邊重複著，一邊守護著地球一般。

　　這麼説並不是叫人別當人類而去當植物，人類與遠在人類出現前就住在地球上的植物原本和平共處著。無論吃的、喝的，乃至藥品，都懷著感恩的心情，努力地維持著運作。伴隨著近代化發展，商業活動盛行，開始追求著大量生產、大量消費、便利性、效率性，致使共存力量漸漸地失去平衡，人類成為地球支配者的態勢於是漸漸地形成。

　　TOKIIRO希望能透過多肉植物的魅力告訴世人們，必須放遠看待人類、植物與地球的未來，不應該單純地站在人類觀點，應該以植物觀點、地球觀點，打造能夠彼此互利共生的環境，懷著能夠與地球共存的思想。「將多肉植物擺在室外」，就以此邁開第一步吧！懷著這種心情，希望讓更多人知道多肉植物的魅力，希望更多人去體驗、去栽培，TOKIIRO也會繼續努力地往前邁進。

| 自然綠生活 | 26

多肉小宇宙
多肉植物の生活提案

作　　　者／TOKIIRO
譯　　　者／林麗秀
發 行 人／詹慶和
總 編 輯／蔡麗玲
執行編輯／劉蕙寧
編　　　輯／蔡毓玲‧黃璟安‧陳姿伶‧李宛真‧陳昕儀
執行美編／周盈汝
美術編輯／陳麗娜‧韓欣恬
出 版 者／噴泉文化館
發 行 者／悅智文化事業有限公司
郵政劃撥帳號／19452608
戶　　　名／悅智文化事業有限公司
地　　　址／220 新北市板橋區板新路206號3樓
電子信箱／elegant.books@msa.hinet.net
電　　　話／(02)8952-4078
傳　　　真／(02)8952-4084

2018年10月初版一刷　定價 380 元

TANIKU SHOKUBUTSU SEIKATSU NO SUSUME by TOKIIRO
Copyright © 2017 TOKIIRO
All rights reserved.
Original Japanese edition published by SHUFU-TO-SEIKATSU SHA LTD.,
Tokyo.

This Complex Chinese language edition is published by arrangement with
SHUFU-TO-SEIKATSU SHA LTD., Tokyo in care of Tuttle-Mori Agency,
Inc., Tokyo through Keio Cultural Enterprise Co., Ltd., New Taipei City.

經銷／易可數位行銷股份有限公司
地址／新北市新店區寶橋路235巷6弄3號5樓
電話／（02）8911-0825
傳真／（02）8911-0801

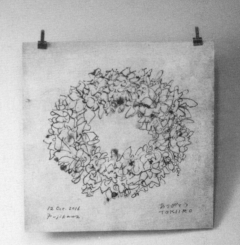

日文版STAFF

撰文　　　　　近藤義展（TOKIIRO）
攝影　　　　　砺波周平
設計　　　　　山本洋介
　　　　　　　（MOUNTAIN BOOK DESIGN）
插畫　　　　　藤川孝之
校閱　　　　　安藤尚子
編輯　　　　　深山里映

國家圖書館出版品預行編目資料

多肉小宇宙：多肉植物の生活提案/ TOKIIRO
著；林麗秀譯. -- 初版. – 新北市：噴泉文化館
出版, 2018.10
　面；　公分. -- (自然綠生活; 26)
ISBN978-986-96928-0-9 (平裝)

1.仙人掌目 2.栽培

435.48　　　　　　　　　　　　107016424